农村妇女科学素质提升行动科普读物

健康养殖100问

中国农学会 组编

中国农业出版社

编 委 会

主　　编：赵方田　张　晔

副 主 编：孙　哲　冯桂真　侯引绪

编　　委（按姓氏笔画排序）：

马长路　马俊哲　王振玲　王海丽　王雪梅

王超英　石进朝　史占彪　史瑞萍　冯桂真

毕　坤　孙　哲　孙茉芊　李　凌　张　晔

张　越　陈永梅　周　晖　郑志勇　赵方田

赵爱国　侯引绪　夏　飞　唐　芹　曹金元

廖丹凤　缪　珊

本书编写：侯引绪　曹金元　王振玲

写给农村姐妹们的知心话

姐妹们：

经过近一年的辛勤工作，"农村妇女科学素质提升行动科普丛书"就要与大家见面了。我们全体工作人员首先向你们致以最诚挚的问候！

"妇女能顶半边天"，但在我国乡村，勤劳勇敢的妇女们顶起的几乎是"整个天"。你们既"主内"，又"主外"；既要生产劳作，又要操持家务；既要照顾老人孩子，又要应对各类问题。看到沉重的担子压在你们瘦弱的肩上，我们真心地想要帮姐妹们一把。

我们知道，你们期盼家庭富裕，家乡发展，环境改善，希望用自己的力量创造美好的新生活。正是针对这一愿望，我们组织有关方面的专家精心编制了这套科普系列读本，为大家提供科学种植、健康养殖、环境保护、妇幼保健、心理健康、法律法规等方面的适用知识、科学理念和实用技术，帮助大家逐步提高科学生产、健康生活和科学发展的素质和能力，把家乡建设得更美好，让生活过得更幸福！

这套科普系列读本图文并茂，通俗易懂，科学简明，务实管用，希望你们能够喜欢。在编创过程中，得到了农业部科技教育司、中国科协科普部、全国妇联妇女发展部的大力支持；中华医学会、北京大学第一医院、农业部管理干部学院、北京农业职业学院、中国科学院心理研究所、中国环境科学学会等单位的有关专家也付出了辛勤的劳动，给予了真诚的帮助。值此谨致谢忱！

希望这套科普丛书能为提高广大农村妇女的科学文化素质略尽绵薄之力！

中国农学会

2014年3月8日

　　什么是健康养殖？泌乳牛一天应该喂多少饲料？判断奶牛吃饱的标准是什么？母猪奶水不足怎么办？为帮助农村姐妹提升健康养殖技术水平，我们编写了《健康养殖100问》。这本小册子包括四部分内容：牛羊健康养殖、猪健康养殖、鸡健康养殖、鱼虾健康养殖，直接面对养殖问题，既介绍了健康养殖的新理念和实用技术，又解答了在健康养殖中可能遇到的普适性技术难题，力图为健康养殖提供实用、精细化技术服务。希望这本小册子的出版对农村姐妹从事健康养殖、建设美丽乡村、追求幸福生活有所帮助。

编　者

2014年11月8日

目录

第一章

牛羊健康养殖

第二章

猪健康养殖

第三章
鸡健康养殖

第四章
鱼虾健康养殖

第一章　牛羊健康养殖

1. 什么是健康养殖？

答案

　　健康养殖是一种能实现经济效益、生态效益、社会效益协调可持续发展的养殖模式。其核心要素包括如下4个方面：

生产的畜产品必须能满足民众的消费需求

生产过程不会对周边的水源、土壤、空气等环境因素造成污染或损害

健康养殖四要素

生产过程能形成可观的经济效益

生产出的产品为质量安全可靠、无公害的畜禽产品

2. 原始落后的养殖模式属于健康养殖吗？

答案

　　"原始的养殖模式就是健康养殖"，这种认识是错误的。因为原始落后的完全散养的牛、羊、猪、鸡，有什么吃什么，每天食入的营养成分不全面，也不安全，所产的奶、肉、蛋会出现营养成分不全或缺失的问题；原始落后的散养模式不定期驱虫、不做免疫，畜禽体内的寄生虫等可通过产品传染给人，有害人体健康。另外，我国土地资源有限，原始落后的养殖模式效益低下，无法满足社会消费需求，所以原始落后的养殖模式不等于健康养殖。

原始落后养殖模式

健康养殖

3. 为什么说先挤奶后喂牛好？

答案

喂完奶牛后再挤奶，牛经过采食及挤奶过程的长时间站立已经相当疲劳，往往会立即卧地休息，这时由于刚挤完奶，乳头管口还未充分闭合，乳头与圈舍环境中的污物接触就很容易引起乳房炎。

如果先挤奶，然后再喂牛就可避免这一问题。由于挤奶前没有喂牛，挤奶后牛还饿着肚子，就会等吃饱后才会卧地休息，经过站立采食这段时间后乳头管口已经完全闭合，乳头与地面接触就不容易引起乳房炎。

先挤奶后喂牛不容易引起乳房炎

4. 泌乳奶牛一天应该喂多少饲料?

答案

　　奶牛的采食多少与产奶量有直接关系，产奶量高吃的就多，产奶量少吃的就少。另外，奶牛采食量还与自身体重有关。对于一头体重550～650千克的奶牛来说，一天应该喂给:

- 混合精料　9～13千克
- 青贮　20千克
- 干草　4千克
- 副料（啤酒糟等）　5～10千克

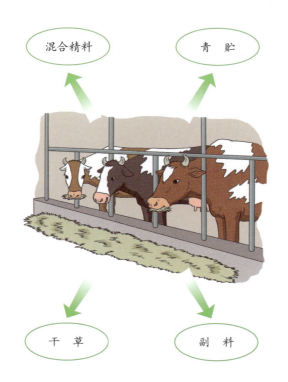

5. 泌乳奶牛一天要喝多少水？

答案

奶牛饮水多少与产奶量和气温有直接关系，产奶量高，喝的就多；天气热、喝的也多。具体的饮水量如下：

产奶量 （千克／天）	饮水量［千克／（头·天)］			
	10℃	18℃	26℃	34℃
20	80	88	100	112
30	92	104	116	128
40	110	118	130	142

6. 奶牛每天要排出多少粪尿？

答案

　　不同年龄阶段的奶牛，每天排出的粪尿量不同，采食量不同，所排粪尿多少也不尽相同。以产奶牛和青年牛为例，就可以基本了解奶牛每天排出的粪尿量有多少。对于中等产奶水平的产奶牛和青年牛而言，每天排出的粪尿量如下：

名　　称	日排粪量（千克）	日排尿量（千克）
产奶牛	25～40	20
青年牛	15～20	8～15

7.判断牛吃饱的标准是什么?

答案

　　对于奶牛养殖来说,吃饱、吃好的奶牛才会多产奶,才会少生病,才会给养殖户带来更多收入。怎样来判断奶牛是否吃饱?这是奶牛养殖者应该掌握的基础常识。喂完牛后,当牛下槽时,如果牛槽中还剩有2%~3%(总饲喂量)能吃的饲草料,这就说明牛吃饱了。

牛槽中还剩有2%~3%能吃的饲草料

8. 喂奶牛的粗饲料长度多少合适？

答案

　　奶牛属于草食动物，喂奶牛的粗饲料过短不仅会影响奶牛食欲，还会影响奶牛消化器官的功能，甚至引发消化系统疾病；喂奶牛的粗饲料过长会影响奶牛的采食量和进食速度，还会增加奶牛消化负担。因此，喂奶牛的粗饲料必须保持合适的长度。制作青贮的饲草长度0.8～1.25厘米最为合适，干草和苜蓿的长度3～4厘米最为合适。

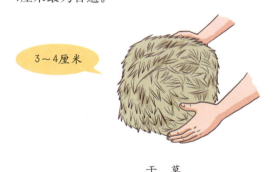

干　草

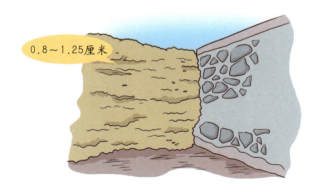

青贮饲料

9. 奶牛犊从出生到断奶每天应喂多少奶？

答案

　　奶牛犊是奶牛场的未来，犊牛饲养管理是奶牛养殖过程中的重点和难点，必须依照日龄不同，定时定量喂给足够的牛奶，这是保证奶牛犊健康成长的重要因素之一。目前，奶牛犊一般60天断奶，即哺乳期为60天。奶牛犊从出生到断奶每天应喂奶量如下：

1～10日龄	5千克/天
11～20日龄	7千克/天
21～40日龄	8千克/天
41～50日龄	7千克/天
51～60日龄	5千克/天

10. 奶牛场什么样的牛群结构效益最高？

答案

科学合理的牛群结构是实现奶牛养殖高效益的一个重要因素，养殖者必须科学地规划自己的牛群结构，这样才能实现利润最大化。牛群结构主要包括后备牛与成年乳牛结构比例、成年乳牛胎次结构两大部分。

在一个牛场中，成年母牛所占比例应该在65%左右，后备牛所占比例应该为35%左右；在成年母牛群中，平均胎次应该保持在3～5胎，其中1～3胎牛应占49%，4～6胎牛占33%，7胎以上牛占18%。

成年母牛占65%左右

后备牛占35%左右

11. 奶牛群选育应该从哪几个环节着手？

答案

　　科学选育可以提高牛群的遗传品质，对提高奶牛产奶量和抗病力意义重大。如果"见母就留"，不进行选育，这样就无法提升牛群质量。奶牛养殖者可以根据自己牛群的实际情况制订相应的存留指标，牛群选育工作可从如下4个环节着手进行。

母亲产奶量高的犊牛留下

犊牛出生体重小的不要留

牛群选育环节

初配不易受孕的牛不要留

第一胎产奶量低的牛不要留

12. 用奶牛性别控制冻精配种有哪些好处？

答案

　　奶牛性控冷冻精液是利用现代生物技术生产出来的一种可以人为控制奶牛胎儿性别的冷冻精液，此冻精已投入我国的奶牛生产。自然条件下，奶牛所产犊牛的公母比例为50：50，利用性控冷冻精液进行人工授精，其母牛所产母犊牛率可达到97%。利用性别控制冻精配种的好处有以下4点：

　　第一，提高了奶牛一生中所生母牛犊的数量；

　　第二，加快了牛群繁殖速度；

　　第三，加速了奶牛改良速度；

　　第四，提高了奶牛养殖效益。

母犊牛占比近97%

13. 奶牛一天挤奶几次好？

答案

　　奶牛的产奶量与一昼夜的挤奶次数有密切关系，一日4次的挤奶量高于一日3次，但一日4次挤奶的劳动力投入成本较大，比较效益不理想；一日3次的挤奶量高于一日2次，一日2次挤奶比一日3次挤奶要少产10%～15%的牛奶。所以，较合理的挤奶次数为一日3次。

一日3次挤奶好

14. 用机器挤奶时为什么要手工挤弃"头三把"奶？

答案

　　在连接挤乳杯进行机器挤奶前，应该手工先挤弃"头三把"奶。挤弃"头三把"奶的意义如下：

　　第一，观察牛奶是否正常，是否发生了乳房炎；

　　第二，"头三把"奶中含有较多的细菌，挤弃"头三把"奶，可减少奶中的细菌数，提高乳品卫生质量；

　　第三，通过头三把挤奶刺激启动奶牛的放乳过程。

15. 不同胎次的奶牛在产奶量上有什么差别？

答案

　　奶牛的产奶量与胎次有密切关系，一般情况下，奶牛在3～5胎次时产奶量最高。各胎次产奶量与最高产奶量的差别情况如下：

> 1胎牛的产奶量为最高产奶量的70%；
>
> 2胎牛的产奶量为最高产奶量的80%；
>
> 3胎牛的产奶量为最高产奶量的90%；
>
> 4胎牛的产奶量为最高产奶量的95%；
>
> 5胎牛的产奶量为最高产奶量；
>
> 5胎以后，奶牛的产奶量呈逐渐下降。

　　胎次对奶牛产奶性能的影响属于生理因素，上述统计为一般规律，也有个别牛在11或12胎时产奶量仍然很高。

3～5胎牛的产奶量高！

16. 什么是奶牛健康保健的"一个中心、四个基本点"？

答案

　　"一个中心"是指奶牛健康保健要以维护奶牛瘤胃内环境稳定为中心。瘤胃功能健康，奶牛就会得病少、产奶多。

　　"四个基本点"是指在以瘤胃保健为中心的基础上，要做好针对"肝脏""乳房""生殖器官""蹄"四个方面的健康保健工作。奶牛肝脏功能低下就会引发代谢病；奶牛乳房免疫功能低下就会引发乳房炎；奶牛子宫、卵巢功能异常就会引发不孕症；忽视奶牛蹄部保健就会导致蹄病高发。这四大疾病对奶牛生产危害巨大。

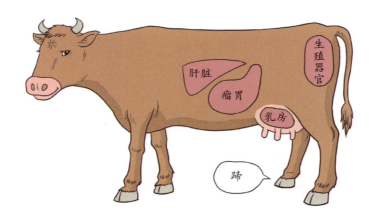

17. 分娩过程中预示难产的征兆有哪些？

答案

奶牛在分娩过程中，如果出现下述现象，预示着难产将要发生，必须请兽医及时检查助产：

（1）努责微弱或停止；

（2）阴门外只露出一条腿；

（3）阴门外露出的二条腿明显一长一短；

（4）阴门外露出的二条腿掌心朝向相反；

（5）前肢露出较长时间后仍未看见胎儿嘴头；

（6）只看见胎儿的嘴或头而看不见前蹄；

（7）阴门外露出三条腿；

（8）胎水异常。

18. 什么是奶牛隐性乳房炎？其特点和危害是什么？

答案

所谓隐性乳房炎就是指肉眼观察时奶牛乳房外观及乳质无异常变化，但进行实验室化验时，乳中体细胞超过了50万/毫升，并且产奶量日趋减少，是一种肉眼观察不出来的轻度乳房感染。其发病主要是因为饲养管理不当，环境因素不良造成的，还与胎次、泌乳时间、季节等有关。其危害主要表现在如下几个方面：第一，发病率高，在牛群中的发病率可达60%以上；第二，发生隐性乳房炎后不易被发现，容易被忽视；第三，奶牛患隐性乳房炎，产奶最低损失达6%。因此，要加强奶牛隐性乳房炎的防治工作，坚持预防为主，防治结合，经常对奶牛乳汁进行检测，更要注重加强奶牛饲养管理、重视环境和牛体卫生。

乳中体细胞数＞50万/毫升

19. 成年牛为什么不能口服抗生素治疗疾病？

答案

　　成年牛主要靠瘤胃来消化草料。瘤胃是奶牛以发酵形式消化所食草料的重要器官，瘤胃内有数目庞大、种类复杂的微生物和纤毛虫，瘤胃对草料的消化主要依靠这些微生物和纤毛虫来完成。如果给牛大量、较长时间口服抗生素，就会杀死瘤胃中的微生物和纤毛虫，从而导致牛无法正常消化草料或消化功能紊乱，严重者会导致抗生素中毒。

20. 哺乳犊牛为什么可以口服抗生素治疗疾病？

答案

　　哺乳犊牛是指还未断奶的犊牛，一般为60日龄以内的犊牛。犊牛在4月龄以前瘤胃尚未发育好，对食入的奶、料、草的消化主要依靠皱胃（第四个胃）来完成，因此在4月龄以前给犊牛口服抗生素对奶牛没有影响。所以，在治疗哺乳犊牛或4月龄以内犊牛疾病时可以选择口服抗生素这一治疗方式。

21. 怎样给犊牛去角？

答案

去角应该在7～10日龄进行。

将犊牛充分保定好，触摸寻找角突，将角突部的被毛剪掉，然后用犊牛去角器（电烙铁）烙烫角突部约15秒，烙烫完毕后在烙烫的部位涂上抗生素软膏即可。

22. 犊牛多长了一个乳头怎么办？

答案

　　正常奶牛1个乳区上1个乳头，共有4个乳头。一般将多出来的乳头叫副乳头，副乳头一般小于正常乳头，所长的地方偏离乳区中央。乳房上有副乳会严重影响奶牛的身价，也会增加乳房炎的发生率。如果犊牛长有副乳头，应该在犊牛早期将其剪除。剪除副乳一般在4～6周龄进行。将副乳头周围清洗干净，涂抹碘酊（碘酒），将副乳头轻轻向下拉，于紧贴乳房处用剪刀将副乳头剪掉，然后涂抹碘酊即可。

涂抹碘酊

23. 奶牛养殖者应做好哪些例行疫病检疫工作？

答案

为了保障公共卫生安全和奶牛健康，促进奶牛养殖健康可持续发展，依照现行《动物检疫管理办法》，奶牛养殖者应该协助当地动物疾病控制中心，认真做好例行的如下几项疫病检疫工作：

（1）奶牛结核病检疫，每年2次，阳性牛一律扑杀处理；

（2）奶牛布鲁氏杆菌病检疫，每年2次，阳性牛一律扑杀处理；

（3）为了有效控制奶牛口蹄疫，每年应定期或不定期地接受口蹄疫抗体监测。

24. 奶牛每年应该做哪些免疫注射？

答案

对于奶牛养殖者来说，每年应该做好或配合当地兽医部门做好如下几种疾病的疫苗免疫注射：

（1）根据当地兽医部门要求选用相应的疫苗，每年注射奶牛口蹄疫疫苗2～3次。

（2）每年进行炭疽芽孢2号苗预防注射1次，不论大小，一律皮下注射1毫升，免疫期为1年。

（3）奶牛梭菌病发生地区，应每年注射奶牛梭菌疫苗2次，疫苗保护期为6个月。

25. 怎样用试纸条监测奶牛酸中毒？

答案

　　酸中毒主要是因食入过量易发酵的饲料或突然饲喂含多量粉碎且易发酵的精料（如玉米或小麦粉）的日粮，或长期过量饲喂块根类饲料（甜菜、马铃薯等）及酸度过高的青贮饲料等所导致的一种奶牛代谢病。患牛常表现为精神沉郁，站少卧多，反刍减少，食欲降低或废绝，瘤胃蠕动音减弱或停止，产奶量急剧下降。其发病率和死亡率较高，所致的经济损失较大。

　　用pH试纸条监测奶牛是不是发生了酸中毒，这一方法简单、方便、经济实用。从pH试纸中，撕下一条试纸条，将其一端浸入奶牛尿液中，然后从尿液中取出试纸条，观察颜色变化，并与相应的比色条进行对比，当其pH低于7.2时，说明奶牛已发生了隐性或临床性酸中毒，应该及时调整饲料进行防治。

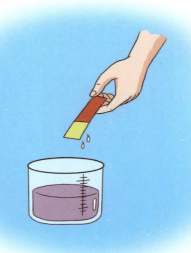

26. 怎样防治牛虱？

答案

牛虱多发生在春季，春季防治牛虱有三法：

方法1：用1%敌百虫溶液直喷牛体。

方法2：把卫生球碾成细末涂于干牛毛根部。

方法3：黄烟叶100克加热水1千克浸泡后带湿擦患部。

27. 用伊维菌素给奶牛驱虫有什么优缺点？

答案

　　伊维菌素是近年来养殖户常喜用的一种驱虫药，此药可口服，也可注射，使用方便，而且安全、高效，对动物体内外寄生虫均有防治作用。该药的缺点是对动物体内的绦虫无防治作用。如果长期用伊维菌素给奶牛进行定期驱虫，容易造成体内绦虫感染和大量繁殖。所以，要针对寄生虫的类型选用相应的药物进行驱虫，例如：驱绦虫要选用吡喹酮或灭绦灵；驱线虫及体外寄生虫要选用伊维菌素。

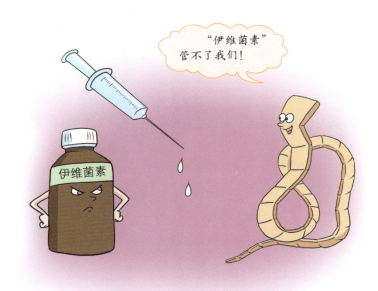

28. 为什么奶牛产后饮红糖水比饮白糖水好？

答案

　　产后灌服红糖水的保健作用主要是由其中的维生素、微量元素来实现的。红糖是用甘蔗汁直接炼制而成的，含有95%左右的蔗糖。红糖几乎保留了甘蔗汁中的全部营养成分，含有多种维生素（核黄素、胡萝卜素、烟酸等）和微量元素（锰、锌、铁等），每100克含2.2毫克铁。蔗糖的原料主要是甘蔗和甜菜。而在由甘蔗或甜菜汁生产蔗糖的过程中经过了用二氧化硫漂白、去杂等工艺过程，蔗糖中的维生素、微量元素被大量丢失。所以，奶牛产后饮红糖水比饮白糖水好。

红糖　　VS　　白糖

我们产后更需要饮红糖水

29. 奶牛饲喂TMR有什么好处？

答案

　　TMR是奶牛全混合日粮的简称，就是一种将粗料、精料、矿物质、维生素、添加剂按一定顺序添加、搅拌混合，能满足奶牛营养需要的一种饲喂技术。饲喂TMR有如下几个方面的好处：

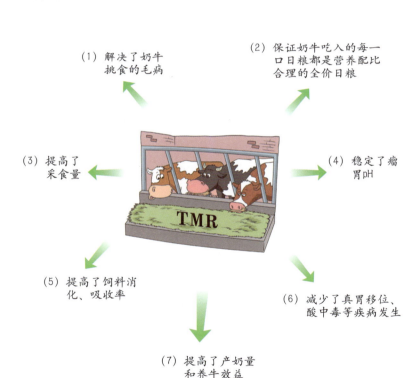

(1) 解决了奶牛挑食的毛病

(2) 保证奶牛吃入的每一口日粮都是营养配比合理的全价日粮

(3) 提高了采食量

(4) 稳定了瘤胃pH

(5) 提高了饲料消化、吸收率

(6) 减少了真胃移位、酸中毒等疾病发生

(7) 提高了产奶量和养牛效益

30. 羊每年应该做好哪几种免疫注射？

答案

对肉羊养殖者来说，每年应该做好或配合当地兽医部门做好如下几种疾病的疫苗免疫注射：

（1）根据当地兽医部门要求选用相应的疫苗，每年注射口蹄疫疫苗2次。

（2）每年春、秋注射羊三联苗（羊快疫、羊肠毒血症、羊猝狙）各1次。不论羊只大小一律皮下或肌肉注射5毫升，注射后14天产生免疫力。

（3）每年春季或秋季肌肉注射布氏杆菌猪型2号弱毒菌苗1次，3月龄以下羔羊及妊娠羊均不注射。此疫苗免疫期为1年。

31. 预防羊吃塑料膜有哪些办法？

答案

（1）实施圈养，减少或杜绝放养。

（2）放牧前先给羊喂一定数量的干草，防止羊因过度饥饿而吃塑料膜。

（3）在羊圈给羊设置盐槽。

（4）在羊圈给羊放置微量元素舔砖。

（5）做好每年的定期驱虫工作。

32. 怎样对公羊进行结扎阉割？

答案

不做种用的公羔应适时阉割。阉割后的公羊性情温顺，便于管理，生长速度较快，肉膻味小、肉质细嫩，还有防止羊无计划乱交乱配的作用。公羊最简单的阉割方法为橡皮筋结扎阉割法。其具体操作方法如下：

当羔羊生长到7～10日龄时，将睾丸挤到阴囊底端，并拉长阴囊，用橡皮筋或细绳结扎在阴囊上部（颈部），一般经过10～15天，阴囊及睾丸萎缩后自然脱落。结扎羔羊最初几天有些疼痛不安，几天后即可安宁。此方法简单可行。

33. 怎样进行羔羊结扎断尾？

答案

细长的尾巴容易沾上粪便污染后躯、影响配种，因此应进行断尾。断尾一般在出生后2～7天进行。其中，结扎断尾是一种简单实用的断尾方法。具体操作如下：

用橡皮筋在羔羊第2～3尾锥节处紧紧系住，断绝血液流通，一般经过10～15天尾巴会自行脱落。

34. 怎样判定羊是否发烧？

答案

　　体温变化是疾病的一个重要临床特征，山羊的正常体温为38.0~40.0℃，绵羊的正常体温上限在夏天可达40.5℃，这里所说的体温指的是羊直肠温度。羊发烧的判定标准如下：

　　微热：体温超过常温0.5~1℃。

　　中热：体温超过常温1~2℃。

　　高热：体温超过常温2~3℃。

35. 怎样防治羔羊白肌病？

答案

羔羊白肌病多发生于10~60日龄的羔羊，急性往往表现突然死亡。病程缓的羊表现精神不振、消瘦、贫血，食欲减退，卧地不起，后躯摇摆、颤抖、瘫痪，心跳减缓、节律不齐，呼吸加快或困难，有较高的致死率。

对病羊肌肉注射0.2%亚硒酸钠维生素E注射液，第一次注射1毫升，10天后再注射2毫升，可获得良好的治疗效果。在缺硒地区，可在羔羊出生后一周内每头注射1毫升0.2%亚硒酸钠维生素E注射液进行预防。

第二章　猪健康养殖

36. 养猪要遵守的法律法规有哪些？

答案

目前我国颁布的与养猪有关的主要法律法规包括：《畜牧法》《动物防疫法》《农产品质量安全法》《饲料和饲料添加剂管理条例》《兽药管理条例》《生猪屠宰管理条例》等，这些都是猪养殖者需要学习和了解的。

37. 什么叫猪的经济杂交？

答案

猪的经济杂交是指，在养猪生产实践中，为了缩短饲养周期，降低养猪成本，一般采用不同品种的公、母猪交配生产杂交一代猪，利用其杂交优势进行育肥。这种繁殖方法，可使杂交仔猪因遗传差异而促进体内的新陈代谢，从而提高活力，产生杂种优势，获得个体大、体格健壮、成活率高、适应性强、生长快和省饲料等优良性状。

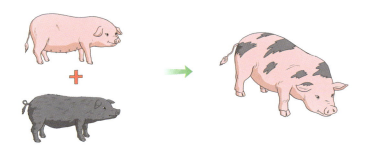

38. 杂交猪为什么不能做种猪？

答案

　　杂交一代甚至杂交二代、三代猪，其遗传性状不稳定，用其作亲本所产的后代，一是不能充分显示杂种优势，获得个体大、体格健壮的仔猪；二是这种猪的血缘相近，用作亲本时属于近亲交配，遗传品质差异较小，活力下降；三是杂种猪从第二代起就会出现严重的性状分离。因此，杂交一代种猪所产生的后代，出现个体小、活力弱、抗病力差仔猪的现象严重，这样就失去了经济杂交的意义。由此可见，一代杂交猪一般只能作肉猪。

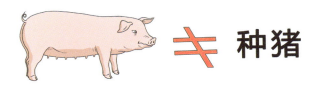

杂交猪

39. 猪吃后就睡觉好吗？

答案

　　越来越多的养殖户希望猪吃完饲料就睡觉，睡完觉又吃饲料，认为这样可以减少猪运动，促进猪生长。实际上这是一种片面的认识，猪吃食后有正常的运动，更能促进饲料的吸收，利于生长。一般的饲料也不能使猪吃完即睡。某些饲料厂为了满足养殖户的要求，追求短期效益，在饲料中违规添加了镇静药物，使猪吃完即睡，这不但误导了广大养殖户，也会给人类健康带来损害。

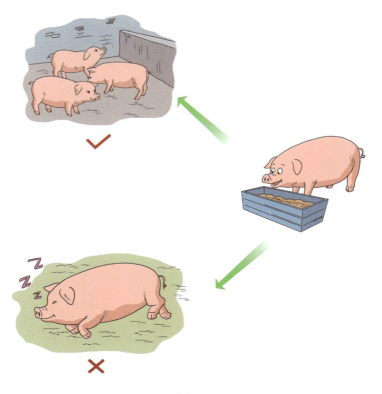

40. 母猪产房温度越高越好吗?

答案

　　人们已经认识到温度对仔猪成活的重要性,但常常出现产房温度过高的现象,反而不利于仔猪生长发育。原因是产房温度过高会降低母猪采食量,泌乳量减少,仔猪营养供应不足。外界温度高时仔猪常跑到外边不回保温箱,被压死比例加大。如果仔猪在外边睡着后舍温降低,还会导致仔猪受冷出现感冒或腹泻,所以产房温度过高既浪费能源,又不利于仔猪生产。一般情况下,产房温度18~22℃比较合理,高于24℃就会出现母猪采食量减少现象,所以如果仔猪有保温箱及供热设施的话,不能过度提高舍内温度。

41. 给临产母猪注射氯前列烯醇有什么好处？

答案

给临产母猪注射氯前列烯醇，进行人工诱导分娩，母猪就可在人为安排的时间范围内集中产仔，这样既方便了产房管理，又可以减少产仔过程中的意外死亡。

给临产母猪注射氯前列烯醇，可实现母猪的同步分娩。

42. 怎样给猪接生？

答案

正常的接生顺序为：

注意：先剪牙、后断脐是因为仔猪出生时牙齿骨骼较软，剪牙时不容易剪碎；同时，剪牙时手抓小猪头部，猪身容易活动，如果先断脐，仔猪挣扎时容易将脐带的血管挣开。另外，推迟断脐，脐带内血液吸收较彻底，不易引起脐带出血。

43. 养猪场如何进行夏季防暑降温？

答案

（1）在猪舍前后种丝瓜、南瓜搭架，让丝瓜藤铺满猪舍屋面，丝瓜叶遮挡阳光可降低舍里温度3℃左右。

（2）在猪舍屋顶上放木框，在框里种瓜类植物遮挡阳光，可起到很好的降温效果。每框土至少要有二三十千克，并要勤浇水保湿，让其茁壮生长。

（3）在没有水帘降温条件时，可考虑使用风扇或在猪舍里安装循环降温管，可降温3～5℃。

44. 给怀孕母猪夏季冲水降温应该注意什么？

答案

　　夏天给母猪冲水降温能降低母猪的热应激，提高母猪采食量。给母猪冲水降温要注意如下几点：

　　（1）使用地下水或山泉水时，冲水的水温不能太低。

　　（2）注意冲水的时间，最好能在喂食前冲水，如在下午3点半左右冲水，4点喂食。

　　（3）冲水的次数要根据天气和习惯而定，如已经习惯冲水的母猪，可以适当增加冲水次数，但没有冲水习惯的母猪，先试验母猪对冷水的接受能力。山区等早上较清凉的地区上午尽量不要冲水。

45. 母猪奶水不足的常见原因有哪些?

答案

(1) 能量饲料的匮乏。

(2) 产前产后采食量下降。

(3) 分娩应激过大。

(4) 母猪妊娠期间管理不当,乳腺发育不好。

(5) 母猪过于肥胖,乳房沉积脂肪过多,内分泌失调。

(6) 母猪年老体衰,生理机能减退。

(7) 母猪配种年龄过早,乳腺发育不良。

(8) 外来纯种母猪会有不明原因的无奶或奶水不足。

(9) 母猪患乳房炎。

(10) 母猪在妊娠期长期便秘。

46. 母猪奶水不足有什么解决办法？

答案

（1）平衡配制母猪饲料。

（2）提供优质饲料，保证营养需要。

（3）定时饲喂，促进母猪多采食。

（4）做好母猪产前减料，产后逐渐加料的工作。

（5）适当加一些催乳药物。

母猪奶水不足，小猪吃不饱，真愁人！

47. 初产母猪拒绝哺乳怎么办？

答案

（1）固定哺乳位置。弱仔排前、强者排后。

（2）及时治疗母猪乳房炎或创伤，将仔猪尖锐的犬齿剪除。

（3）初产母猪奶水少时可用偏方尝试。

①用煮熟的豆浆加100～200克茶油连喂2～3天；

②生姜、陈艾、陈皮各100克，鲜芦竹笋200克，麦芽150克，煎水喂服；

③鲜泥鳅250克加地骨皮30克、食盐少许煮熟连汤饲喂2～3次；

（4）人工引诱驯化。挠挠母猪的肚皮，按摩母猪乳房，固定哺乳位置，保持母猪安静。

48. 如何防止猪咬尾？

答案

（1）加强管理，投放全价料，适当加入钠、钴、钙、铜等矿物质以及维生素B。

（2）把尾巴被咬破的猪单独隔离并进行适当处理。若伤势不严重，涂碘酊促进伤口愈合。若伤口出血，要压迫止血，有局部炎症的擦红霉素软膏。若已引起全身感染，肌注青霉素等抗生素药物控制感染。

（3）猪尾巴上可涂抹一些苦味无毒的药水(如用黄连熬成水)，当猪再相互咬尾时，会尝到苦味，放弃咬尾。

49. 用玉米养猪要注意什么？

答案

（1）选择新鲜优质玉米，尤其是小猪和种猪饲料，不能侥幸饲喂霉变玉米。

（2）最好买大粒玉米，有较多的淀粉，口感甘甜。

（3）尽量买自然风干的玉米，好坏容易辨别。烘干的玉米很多是未成熟玉米和变质的玉米，皮皱褶多，饱满度差。

（4）玉米粉碎粒度要适当。仔猪断奶后消化率不好，要用小的筛片粉碎。肥猪和母猪，可以加大筛孔，筛孔直径在1.5毫米左右，太细了会降低猪的食欲。

（5）自然风干，水分在14%～15%为宜。

50. 猪断尾的好处有哪些？

答案

（1）省饲料，提高日增重。仔猪尾巴的功能是驱赶蚊蝇及与同类嬉戏。虽然其作用不大，但猪每天摆尾消耗的能量占日代谢能的15%，无形中造成饲料浪费。如果把这部分能量用于脂肪沉积，可提高日增重2%～3%，还可节省饲料。

（2）减少咬尾症。咬尾是猪的一种恶癖，原因很复杂，给仔猪断尾可有效控制该病症的发生。

51. 如何给仔猪断尾？

答案

仔猪出生7日龄内断尾最好。断尾的方法是：买一把断尾专用钳，消好毒，在离尾根3～5厘米处用断尾钳剪掉，后用5%碘酊消毒即可。也可在仔猪出生的时候用线在尾巴根部做结扎，7天左右尾巴会自然坏死脱落。

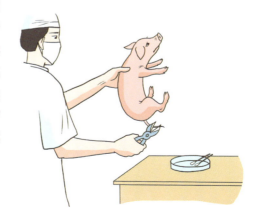

52. 猪的适宜生长温度范围是多少？

答案

　　猪是恒温动物，当外界温度变化时，猪借助自身调节，维持体温平衡。适宜的温度对猪的生长发育非常重要。

> 初生仔猪最适宜的温度为34~35℃；
> 生后1~2周适宜温度为31~33℃；
> 生后3~4周适宜温度为28~30℃；
> 断奶后保育阶段的适宜温度为24~27℃；
> 从保育舍出来后的适宜温度为20~23℃；
> 体重40千克后的适宜温度为18~22℃。

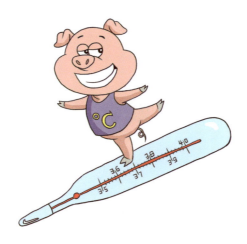

53. 什么是PSE肉和DFD肉？

答案

PSE肉：指猪宰后肌肉呈现灰白颜色、柔软和汁液渗出症状的肌肉，严重时呈水煮样，是猪应激综合征表现。

DFD肉：指猪宰后肌肉外观上呈现暗黑色、质地坚硬、表面干燥的症状，即为DFD肉。这是由于宰前动物处于长期的应激状态下，肌糖原都用来补充动物所需要的能量而消耗殆尽，屠宰时猪呈衰竭状态所造成的。

PSE肉、DFD肉均为劣质猪肉，所以，猪屠宰前要尽量减少各种应激。

54. 怎样减少或防止PSE、DFD等劣质猪肉发生?

答案

（1）选择抗应激品种。

（2）加强饲养管理，供给优质、营养全面的饲料，在饲料中加入硒、铁、铜和维生素A、维生素E、维生素C、维生素B₁等，也可添加延胡索酸等以提高机体免疫力，改善猪肉品质。

（3）尽量减少长途运输、驱赶等应激因素，严格执行生猪屠宰操作规程，对猪进行电刺激时选择合适的电压和电流，选择合适的时间，严格控制烫毛时的水温。

55. 为什么禁止添加瘦肉精？

答案

　　盐酸克伦特罗俗称瘦肉精，属于 β-肾上腺素兴奋剂，可提高猪的瘦肉率，但长期不断使用瘦肉精时，易在猪肺和肝脏残留。人吃了残留有瘦肉精的猪肉尤其是猪肺和肝脏后，对健康危害极大。我国于2002年明确将盐酸克伦特罗列入《禁止在饲料和动物饮用水中使用的药物品种目录》。

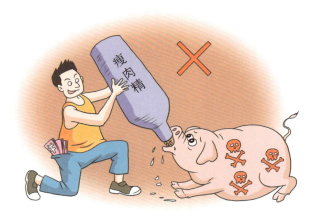

56. 猪多重时出栏合适？

答案

　　在我国，由于猪种类及经济杂交组合较多，各地区饲养条件差异较大，因此，育肥猪的适宜上市体重也有较大不同。一些地方早熟品种猪及其杂种猪适宜75～85千克出栏；瘦肉型良种公猪与我国地方品种母猪杂交所得的后代，适宜上市体重为85～90千克；以两个瘦肉型良种猪为父本、一个地方品种为母本的三元杂交猪的适宜上市体重为90～100千克；而三个瘦肉型良种猪杂交的三元杂交猪的适宜上市体重为100～115千克。

57. 猪肉通过什么环节才能上市？

答案

（1）养殖环节要落实生猪检疫制度，推进动物疫病标识追溯体系，无耳标的生猪不许调运；对病死猪进行无害化处理，做到不屠宰、不食用、不售出、不转运。

（2）定点屠宰环节要加强生猪定点屠宰管理，取缔私屠滥宰，加强屠宰检疫和肉品质检验，确保出厂肉品检疫检验合格，推进猪肉质量可追溯体系建设。

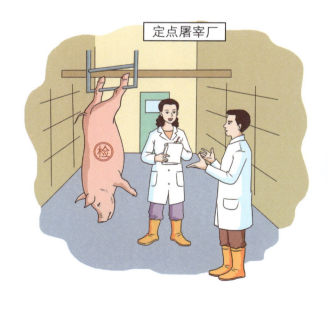

定点屠宰厂

检

（3）肉食品加工、流通和消费环节要保证销售使用定点屠宰并检疫检验合格的猪肉。

58. 什么叫无公害猪肉？

答案

　　无公害猪肉是严格按照农业行业标准《无公害食品　猪肉》组织生产的猪肉，是指从养殖、屠宰、配送到销售都没有受到污染的猪肉。主要体现在：

　　（1）生猪的养殖环境、饮用水质、兽药和饲料的使用、兽医防疫制度、饲养管理等方面进行了严格规范，做到在养猪过程中保证无污染。

　　（2）对生猪产品中重金属、农药、兽药、微生物等18种对人体有害物质指标进行严格检测，保证终端产品的质量安全。

　　（3）生猪的屠宰必须在政府指定屠宰场进行。

　　（4）屠宰后肉品的配送采用封闭式冷藏车运输，确保运输过程无污染。

　　（5）销售环节执行严格的卫生消毒制度。

59. 什么是有机猪肉？

答案

　　有机猪肉是指来自有机农业生产体系，根据国际有机农业生产要求和相应的标准生产加工的，并通过独立的有机食品认证机构认证的猪肉。在饲料加工过程中不能添加化学物质及激素；所有的饲料原料在种植过程中不能使用任何农药、化肥、除草剂；在疾病防治过程中不能使用抗生素等有残留的有害物质；上市前要通过有关颁证组织部门检测，确认为纯天然、无污染、安全营养的猪肉。

第三章 鸡健康养殖

60. 什么是现代商品杂交鸡？

　　现代商品杂交鸡是运用数量遗传学原理，为适应现代化养鸡生产的需要而培育和发展起来的配套品系杂交蛋鸡，现今世界各地的商品蛋鸡场全部饲养商品杂交蛋鸡。现代商品杂交蛋鸡不同于以往简单的品种间杂交蛋鸡，而是首先培育出性能优良的品系，然后进行二元、三元或四元杂交，产生强大的杂交优势。所培育的商品杂交蛋鸡，产蛋量高、蛋大、生活力强、性能整齐一致，适于高密度大群饲养。

我们有很多优势！

61. 鸡蛋的种类有哪些？

答案

目前，市场上鸡蛋的商品名称繁多，叫法五花八门，如有机蛋、绿色蛋、无公害蛋、土鸡蛋、柴鸡蛋、海鲜蛋、富硒蛋、初产蛋等。科学的鸡蛋的种类划分如下：

根据蛋壳的颜色，可以分为：白壳蛋、粉壳蛋、褐壳蛋和绿壳蛋4个类型。

根据蛋鸡的饲养方式和品种，可以分为：柴鸡蛋、土鸡蛋和普通鸡蛋。

农业部根据鸡蛋质量安全标准颁发了无公害鸡蛋、绿色鸡蛋和有机鸡蛋3个标识，除此之外，并无其他鸡蛋标识。

62. 影响养鸡效益的主要因素有哪些？

答案

（1）品种　应引进优良的品种和健康的雏鸡。

（2）饲料　在鸡的不同饲养阶段应给予营养全面的优质饲料。

（3）疾病　应按生物安全要求制定科学合理的疾病预防程序并执行到位。

（4）管理　应按鸡的生物学特性提供优良的环境设备并有科学的管理措施。

（5）市场　养鸡能否赚钱，赚多少钱，很大程度上取决于市场行情。

其中，市场因素养殖者很难把握，抛开市场因素，养鸡者只要把上述另外4个方面做到位，就能获得最大的经济效益。一般情况下，养一只蛋鸡可获利10～30元。

63. 蛋鸡的养殖方式主要有哪些？

答案

　　蛋鸡的养殖方式主要包括笼养和放养（或叫散养）两种方式。相对于放养而言，笼养的养殖效率较高，比如饲料转化率、产蛋率等都比放养方式好；而放养主要是提高了鸡蛋的品质，能满足消费者对鸡蛋质量的需求。

散　养

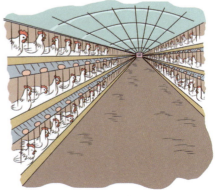

笼　养

64. 如何科学选择蛋鸡养殖场址？

答案

　　按照国家畜禽场环境标准的要求，养鸡场不能受到污染，同时又不能污染环境。在此前提下，蛋鸡养殖场址选择的原则是：方便生产经营，交通便利且防疫条件好，建设投资较低。根据上述原则，在选择场址时主要考虑以下五个方面：

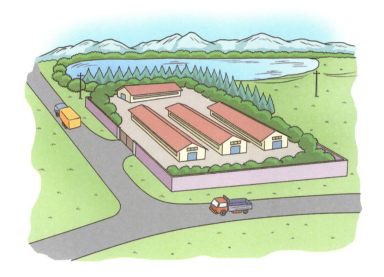

　　（1）水电供应条件　养鸡场一般远离城市，需要自辟深井以保证供水，水质要符合国家畜禽饮用水质量标准。鸡场的附近要有变电站和高压输电线，这样不仅可以节约建场投资，而且电力供应有保障。

　　（2）环境条件　在选择场址时必须注意周围的环境条件，一般应考虑距居民点1千米以上，距其他家禽场10千米以上，附近无污染源，如化工厂、重工业厂矿或排放有毒气体的染化厂，尤其上风向更不能有这些工厂。采用在果树林中间建鸡场或在鸡场周围栽种林带，可有效改善鸡场环境。

（3）交通运输条件　鸡场的位置如果太偏僻，交通不便，不仅不利于运输，还会影响客户的来往。鸡场本身怕污染，距离交通干线不能太近，一般2千米以上。然后再修建鸡场与交通干线之间的专用公路。

（4）地质土壤条件　场地土壤没有被传染病或寄生虫病原体污染过，透气性和渗水性良好，能保证场地干燥。地面应平坦或稍有坡度，以利于地面水的排泄。丘陵地区建场，鸡场应建在阳面，鸡舍能得到充足的阳光，夏天通风良好，冬天又能挡风，利于蛋鸡的生长。

（5）水文气象条件　水文气象资料包括气温变化情况、夏季最高温度及持续天数、冬季最低温度及持续天数、降水量、主导风向及刮风的频率等。在寒冷地区注意鸡舍的采暖和保温，而在炎热地区要注意鸡舍的通风降温。

65. 保持蛋鸡高产稳产的饲养管理要点有哪些？

答案

（1）补光补料　产蛋鸡的光照时间一般为17小时，自然光照不足部分要补充，同时要防止鸡疲劳症。料槽中要及时补料，且料的能量水平要比夏秋季高，最好能补充一些油脂。

（2）防寒保温　首先要防寒保温，但如果过分强调保温，会导致鸡舍内通风不良、灰尘增加、氨味浓度增大，鸡容易患呼吸道疾病。因此，在保温的前提下，可在温度较高的上午11时至下午2时之间进行通风，注意通风口要错开，以防穿堂风。

（3）预防疾病　冬天病毒、细菌滋生少，人们往往对鸡舍的消毒有所忽视，导致大肠杆菌病、沙门氏菌病、传染性鼻炎等发生。所以，一定要注意消毒。因为天气冷，消毒时最好采用饮水消毒法。

66. 蛋鸡饲养最适宜的温度是多少？

答案

蛋鸡在不同的阶段对温度的要求不同，育雏期（0～6周龄）对温度要求较为严格，特别是前4周的温度应该严格控制，采用人工加温的方式，给雏鸡提供适宜的温度。育成期和产蛋期要求较宽松，一般开放式鸡舍随着季节、气候的不同而有较大的变化，但最好控制在18～28℃的范围内，特别是在炎热的夏季，要采取防暑降温措施，否则会引起采食量下降、产蛋下降甚至中暑死亡等。

不同日龄蛋鸡的适宜温度

日　龄	温度（℃）
1～3天	≥34
4～7天	≥32
8～14天	≥30
15～21天	≥28
22～28天	≥25
5～6周龄	≥20
7周龄以后	18～28

67. 密闭式蛋鸡舍的光照程序是什么？

答案

密闭式鸡舍只采用人工光照，便于控制。光照程序为：

1～3日龄：每天光照24小时；

4～14日龄：每天减少1小时，直到13小时；

15～21日龄：每天减少0.5小时，直到9.5小时；

4周龄：每天9小时；

5～15周龄：每天8小时；

16～18周龄：每周增加1小时，直到11小时；

19周龄后：每周增加0.5小时，到16小时恒定。

68. 开放式蛋鸡舍的光照程序是什么？

答案

　　开放式蛋鸡舍一般采用自然光照与人工光照相结合的方式。自然光照就是依靠太阳直射或散射光通过鸡舍的开露部位如门窗等射进鸡舍；人工光照就是根据需要，以电灯光源进行人工补光。开放式蛋鸡舍的光照程序为：

　　第一周：22～23小时，进行人工光照；

　　2～7周：采用自然光照；

　　8～17周：如为5月4日至8月25日进的雏鸡，采用自然光照；如为8月26日至次年5月3日进的雏鸡，此期间以最长日照时数为标准，短于此时间标准的，应进行人工补光；

　　18～68周：从18周开始每周增加0.5～1小时，至16小时恒定；

　　68～72周：光照时间应为17小时。

69. 鸡舍中垫草木灰有什么危害？

答案

有的养鸡户认为，用草木灰垫鸡舍能预防鸡病，这是不对的。主要原因如下：

（1）草木灰主要成分是碳酸钾，如果与鸡粪搅和在一起容易起化学反应，产生氨气，不仅气味难闻，而且具有强烈的刺激性，直接危害鸡的呼吸道，尤其是鸡舍通风不良时危害更大。

（2）由于草木灰含碱重，如果长期垫鸡舍，其灰尘直接刺激鸡的皮肤，而使其羽毛脱落。

（3）由于鸡的活动，使灰尘四处飞扬，污染空气，时间一长也会诱发鸡呼吸道疾病。

70. 蛋鸡有什么样的免疫程序？

答案

　　在蛋鸡的疫病防控上没有一成不变的免疫程序，养鸡场要根据本地区的疾病发生情况及检测条件制定自己的免疫程序。在此给大家推荐一种基础的免疫程序供参考。

免疫时间（日龄）	疫苗种类
1	皮下注射马立克疫苗
5	饮水或滴鼻点眼肾传支H120疫苗
6	皮下注射肾传支油苗
9～10	饮水服用新城疫Ⅳ疫苗2次
14	饮水服用法氏囊疫苗
24	饮水或滴鼻点眼新城疫Ⅳ疫苗
25	皮下注射新城疫油苗
28	饮水服用法氏囊疫苗
30	皮下注射鸡传染性鼻气管油苗
35	皮下注射鸡产蛋下降综合征5号苗
40	饮水服用鸡传染性喉炎苗
70	饮水或滴鼻点眼新城疫Ⅳ疫苗
75	饮水服用鸡肾传支H52疫苗
80	饮水服用鸡传染性喉炎苗
110	肌肉注射鸡传染性喉炎苗
115	皮下注射鸡产蛋下降综合征5号苗
120	皮下注射新城疫—产蛋下降综合征联苗

71. 肉鸡品种分哪几类？

答案

（1）快大型白羽肉鸡（简称肉鸡）　这类肉鸡的特点是生长速度快，饲料转化率高，一般情况下，42天体重可达2 650克，饲料转化率一般为1∶1.8左右。

（2）黄羽肉鸡　生长速度慢，饲料转化率低，但适应性强，抗病力强，容易饲养。鸡肉品质风味好，深受我国南方地区和东南亚地区消费者的欢迎。

快大型白羽肉鸡

黄羽肉鸡

72. 肉鸡的饲养模式有几种？

答案

目前肉鸡饲养模式主要是平养，平养分为地面平养和离地网上平养两种，网上平养比地面平养在疾病控制方面更有优势。

　　地面平养相应来说成本较低。饲养户要根据自身经济和物质条件，选择一种最适当的养殖模式。

地面平养

网上平养

73. 什么是生态饲养肉鸡？

answer 答案

就是指在林地、山坡、果园和草地等自然环境中，采取放养和舍饲相结合，采食自然环境中的昆虫、杂草(籽)和补充饲料、粮食相结合进行饲养的一种方式。生态饲养的鸡能够自由采食，自由运动，呼吸新鲜空气，饮用无污染的河水、泉水、井水，生产出优质的鸡肉。

74. 肉鸡生长快，是因为用"激素"或催肥药的结果吗?

答案

　　在"速生鸡"事件中，一些不明真相的人认为肉鸡生长速度快，是用了"激素"或药物催肥的结果。其实肉鸡生长速度主要由其遗传性能决定的，快大型肉鸡之所以生长快是育种公司对品种长期选育的结果，加之辅以科学的饲养管理和营养平衡的全价配合饲料，保证了其最大遗传潜力的发挥。因此，快大型肉鸡生长得快，不是因为药物和激素催肥。同样，土鸡生长得慢，味道好，也不是因为完全使用了农家饲料。

我没吃激素!

75. 快大型白羽肉鸡的品种有哪些？

答案

　　我国饲养的快大型白羽肉鸡品种全部从国外引进，主要品种有：艾维茵、科宝500、科宝700、罗斯308、罗斯508、爱拔益加和哈巴德等。这类肉鸡的特点是生长速度快，饲料转化率高，一般情况下，42天体重就达2 650克，饲料转化率一般为1∶1.8左右。

76. 什么是肉杂鸡？

答案

　　肉杂鸡是由肉鸡和蛋鸡杂交产生的，一般是以速生型的肉鸡作为父本，中型蛋鸡作为母本，通过杂交产生的子一代。父本常用安卡红、ＡＡ、艾维茵、科宝等，母本常用罗曼褐、海赛克斯、海兰褐等。肉杂鸡生长速度、饲料转化率、适应性和抗病力介于肉鸡和蛋鸡之间，肉的风味更符合我国消费者的需求。

母　鸡

公　鸡

77. 夏季饲养肉鸡的防暑降温措施有哪些？

答案

夏季天气炎热，饲养肉鸡的管理要点是防止热应激。防暑降温措施主要有：

（1）在屋顶上撒草或树枝，增加屋顶隔热；外墙可结合消毒，用石灰水刷白。

（2）合理安排风扇，增加舍内空气流动速度。

（3）降低垫料厚度，让鸡尽量贴近地面；及时更换潮湿垫料，降低舍内湿度。

（4）最热时可向鸡舍屋顶、外墙间歇喷水，以降温。

（5）在饮水中加维生素C 300～500毫克/千克或碳酸氢钠200～800毫克/千克。

（6）天气闷热时，将料桶吊起来，较凉快时喂料。

（7）降低饲养密度至6～8只/米^2。

78.冬季饲养肉鸡应该注意哪些问题？

答案

冬季外界气候寒冷，保温、防寒是要点。

（1）减少屋顶散热，舍内无顶棚时应用塑料薄膜吊制临时顶棚；

（2）门口使用棉门帘，以防止门缝、墙角等贼风吹入；

（3）使用天窗通风；

（4）地面平养可增加垫料厚度1～3厘米；

（5）采用在鸡舍中段育雏，两端留有预温带；

（6）合理安装炉子，使用烟囱排烟，增加供热量；

（7）在保温同时，可适当进行早期换气，并严防煤气中毒；

（8）进雏前3天，开始预热鸡舍，保证雏鸡到达时温度适宜。

79. 如何确定肉鸡的饲养密度？

> **答案**

　　饲养密度是否合适，主要是看能否始终维持鸡舍内适宜的生活环境。饲养密度过大，则鸡群自然生长缓慢，疾病增多，生长不一致，死亡率增加。一般按照季节和肉鸡的最终体重来增减饲养密度。具体的确定指标如下：

类别	地面平养（只/米^2）		网上平养（只/米^2）	
体重	夏	春、秋、冬	夏	春、秋、冬
1.8千克	10～12	12～14	12～14	13～16
2.5千克	8～10	10～12	10～12	10～13

80. 肉鸡有什么样的免疫程序？

> **答案**

　　肉鸡的推荐免疫程序如下：

日　龄	疫　苗	免疫方法
7日龄	新城疫	滴鼻或点眼
14日龄	法氏囊	饮水或滴口(2倍量)
21日龄	新城疫	饮水(2倍量)
28日龄	法氏囊	饮水(2倍量)

81. 免疫时应该注意哪些事项？

答案

（1）用说明书上规定的稀释液稀释，稀释倍数准确。

（2）疫苗应随用随稀释，稀释后的疫苗要避免高温及阳光直射，并在规定的时间内用完。

（3）大群接种时，为了弥补操作过程中的损耗，应适当增加10%～20%的用量。

（4）建议首免时采取个体免疫方式（如利用新城疫点眼、滴鼻、饮水等）。

（5）用过的疫苗空瓶要集中起来烧掉或深埋。

82. 如何预防肉鸡猝死症？

答案

肉鸡猝死症是一种不明病因，突然引起肉鸡死亡的病症。预防该病主要应注意以下几点：

（1）提高发病鸡群日粮蛋白质水平；每吨饲料中再添加生物素0.2克。

（2）饮水中添加一定量的水杨酸钠，也有助于减少猝死。

（3）在配合饲料时应减少来自碳水化合物的能量，增加来自植物脂肪的能量，可降低发生率。

（4）个别鸡突然发病时，应立即将其捉住，做胸部按摩，一般能使鸡恢复正常。

（5）加强饲养管理，减少各种异常刺激，鸡群密度不宜过大，并注意鸡舍通风换气。

83. 肉鸡出售前应做好哪些工作？

答案

（1）肉鸡出售前8小时开始断料，将料桶中的剩料全部清除，同时清除舍内障碍物，平整好道路，以备抓鸡。

（2）提前准备，将鸡逐渐赶到鸡舍一端，把舍内灯光调暗，同时加强通风。

（3）将鸡围成若干小圈抓鸡；抓鸡时，应用双手抱鸡，轻拿轻放，严禁踢鸡、扔鸡。装筐时应避免鸡只仰卧、挤压，以防压死或者受伤。

（4）装好鸡的筐应及时装车送往屠宰场。夏季时，车上应当洒水，以防热死；冬季时，车前侧用苫布遮盖挡风，以防冻死、压死鸡。

84. 怎样预防肉鸡啄羽毛？

答案

（1）合理饲养密度　一般平养肉鸡，3周龄时，每平方米饲养20只左右；5周龄时，15只；6周龄时，10～12只。夏季养鸡，密度应适当低些为好，有利于通风散热，减少啄毛。

（2）适度光照　光照应适度，光线过强，鸡易患恶癖。光照强度应由强变弱，以利鸡群安静和生长。

（3）科学配制饲料　多数情况下，鸡啄毛主要与饲料有关。配制饲喂饲料应做到：开始1～2日龄内，可以少喂饲料，小鸡主要由卵黄囊获取营养。3～20日龄内必须全部喂以全价饲料；同时，要在饲料中加喂0.2%～0.3%的食盐。为了切实防止啄毛现象的发生，在日粮中还应加入防治啄羽药（或添加微量元素和多种维生素等）。

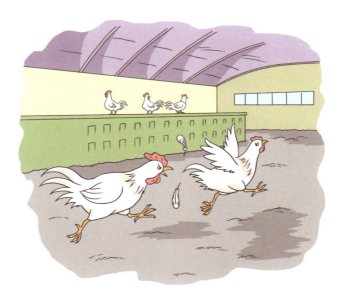

第四章　鱼虾健康养殖

85. 有哪些主要的综合养鱼模式？

答案

（1）鱼草结合模式　池塘内养鱼，塘堤（埂）种植青绿饲料，养鱼与青绿饲料种植相结合。

（2）鱼果结合模式　池塘内养鱼，塘堤上种植果树、桑树、甘蔗等经济作物的养殖模式。

（3）鱼菜结合模式　池塘内养鱼，同时在池塘内栽培一些水生蔬菜，如水芹、莲藕、茭白等。

（4）鱼稻共生模式　在稻田中养鱼（或蟹），鱼通过食草、吃虫、翻动土壤、搅动水层、排泄粪便而利于水稻生长，使水稻增产。

鱼菜结合模式

鱼稻共生模式

86. 为什么鱼—稻复合系统有缓解或防止鱼浮头的作用？

答案

　　鱼浮头是水含氧量不足、鱼缺氧的一种表现。鱼—稻复合系统就是有计划地将鱼塘中污浊或有机质浓度较高的水抽排到稻田中，然后再将经稻田处理的水回流或回抽到鱼塘中。水稻可吸收利用水体中有利于其生长的成分，加之稻田的沉淀和吸附，对水可起到过滤和净化作用，从而使水中的含氧量升高，污物及有害物含量减少，水质得到改善。所以，鱼—稻复合系统有缓解或防止鱼浮头的作用。

稻　田

稻田的沉淀和吸附作用，对水可起到过滤和净化作用

将鱼塘中污浊或有机质浓度较高的水抽排到稻田中

鱼　塘

87. 池塘混养有什么优点？

答案

　　池塘同时放养几种不同品种的鱼和不同规格的鱼，可以充分利用水体空间，达到提高单位产量的目的。鱼类大致可分为上层、中下层和底层三类，按这三种类型进行搭配，就起到了充分利用水面的作用。另外，不同品种的鱼有着不同的食性，可有效清除鱼塘的残饵，调节水质。

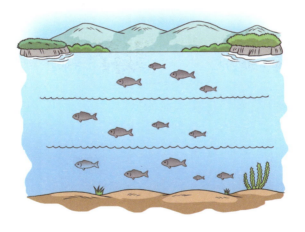

88. 鲤鱼繁殖阶段注射催产激素有什么作用？

答案

　　鲤鱼在自然条件下，只要环境因素适宜，亲鱼一般发育良好，可自行在池塘中产卵繁殖。但在自然条件下，由于雌鱼性腺发育早晚有一定差异，所以产卵就会有先有后，这样获得的鱼苗就会大小不一。如果给发育良好的亲鱼注射催产激素，就可以使亲鱼的性腺同步发育，从而在相近的时间段内获得大批大小一致、规格一致的鱼苗。

89. 怎样进行亲鱼催产？

答案

　　鱼催产常用药物为促黄体素释放激素类似物（LRH-A）和绒毛膜促性腺激素（HCG），雌雄配比一般为1：1～1.5。单独用HCG催产时，一次注射剂量雌鱼为800～1 200国际单位，雄鱼剂量减半。单独用LRH-A催产时，水温19～29℃时，对草鱼催产，一次注射剂量为每千克体重10～30微克；水温19～29℃时，对鳊鱼催产，一次注射剂量为每千克体重50～60微克；水温25～31℃时，对鲢、鳙鱼催产，一次注射剂量为每千克体重30～60微克。

90. 捕鱼前为什么要向池塘中洒一些葡萄糖?

答案

捕鱼前向池塘中撒一些葡萄糖, 可以起到下述几种作用:

(1) 可以缓解鱼在捕捞过程中的应激反应, 减少死亡。

(2) 可提高鱼的抗病力、免疫力。

(3) 为鱼迅速提供能量, 提高运输成活率。

(4) 防止鱼类脱黏、出血和掉鳞等病症。

91. 用生石灰清塘有什么作用?

答案

(1) 将生石灰撒入池塘中, 短时间就可使池水pH升高到11左右, 这样的碱性对水中动植物、细菌有很好的杀灭作用。

（2）可使池泥矿物化，分解释放出氮、磷、钾等元素，起到培肥作用。

（3）有净化池塘水质的作用。

（4）生石灰与水中的二氧化碳作用生成碳酸钙，可使淤泥结构疏松，增加通气性，加速细菌分解。

92.调节鱼池水质有哪些办法？

答案

（1）经常注入新水。

（2）合理地施用有机肥和化肥。

（3）科学地用增氧机搅动水层进行增氧。

（4）对于蓝绿色水、砖红色水，必要时可局部用硫酸铜、络合碘、杀虫药等药物进行喷洒处理。

93. 冰封越冬池缺氧时应该怎么办？

答案

　　保持不缺氧是鱼类安全越冬，提高养鱼效益的一个关键。冰封越冬池缺氧时可采用如下措施：

　　（1）定期钻开冰面，观察鱼是否集中到冰眼口，如果鱼集中到冰眼口，说明缺氧。

　　（2）在冰封池塘中间，相距15米处钻2个冰洞，放入水泵，将池水抽出在空气中经过暴气后，让水从另一洞中流进去，使冰封的水循环起来。

94. 什么是冷水鱼？

答案

　　冷水鱼主要包括鲑鳟鱼类、部分鲟鳇鱼类及其他一些喜冷鱼类。这些鱼类因具有喜栖冷水、低温成熟、低温繁育、低温生长等生物特性而被统称为冷水鱼。

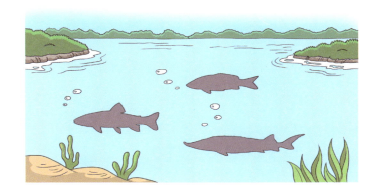

95. 怎样计算虹鳟鱼卵子数量？

答案

　　目前，计算虹鳟鱼卵子数量的方法主要有两种：
　　（1）将鱼卵逐个排列在卵子计数尺上，先测出20厘米长度可排列的卵粒数，再通过查曲线图得出每升容积的卵粒数，再根据每次采卵的实际容积乘以每升的卵数，得出实际的卵粒数。
　　（2）用鱼卵的总重量除以每千粒卵子的重量，再计算出卵子的总数量。

96. 鱼饲料中为什么要添加一定数量的维生素？

答案

　　维生素是鱼生长、发育、维持健康的重要营养元素，如果饲料中维生素含量不足，其他营养物质的代谢和细胞生理代谢过程会受到影响，从而导致生理代谢紊乱，生长发育不良；鱼抗病力下降，发病率显著升高。所以，在鱼饲料中必须添加一定数量的维生素。

我们缺维生素了！

97. 对虾养殖中为什么要特别重视维生素C的补充？

答案

　　维生素C对对虾的生理代谢具有极其重要的作用，不重视维生素C补充，不仅对对虾的生长影响严重，还会导致疾病多发。维生素C对对虾的主要作用如下：

（1）促进虾体胶原蛋白形成。

（2）提高肝脏解毒能力。

（3）诱发虾体内多种酶的活性。

（4）预防坏血病。

（5）促进蜕皮。

（6）提高抗病力。

98. 对虾养殖过程中为什么要禁用硝基呋喃类药物？

答案

硝基呋喃类药物可引起人溶血性贫血、多发性神经炎、眼部损伤、急性肝坏死等疾病发生；另外，硝基呋喃类药物在体内代谢时间长。因此，在对虾养殖过程中禁用硝基呋喃类药物。

99. 在水产养殖中为什么要禁用孔雀石绿？

答案

　　孔雀石绿既是工业性染料，又是一种杀真菌剂，自20世纪30年代以来，许多国家曾经采用孔雀石绿杀灭鱼类体内外寄生虫和鱼卵中的霉菌，对鱼类水霉病、原虫病等的控制非常有效。

　　孔雀石绿一经使用，动物会终身残留，可引起动物肝、肾、心脏、脾、肺、眼睛、皮肤等脏器和组织中毒；对人有致癌、致畸、致突变作用，严重威胁人体健康。所以，在水产养殖过程中禁止用孔雀石绿。

100. 鱼病防治的基本原则是什么？

答案

（1）"治病先治鳃，治鳃先治水"　鳃比心脏更重要，各种鳃病是引起鱼死亡的最重要因素之一。鳃不仅是氧气、二氧化碳进行交换的场所，也是钙、钾、钠离子及氨等交换、排泄的场所。所以，"治病先治鳃，治鳃先治水"。

（2）先外后内　防治鱼病要先消除鱼体表和水中的致病因素，然后再针对内脏进行治疗，即"先治表后治本"。

（3）先虫后菌　寄生虫对鱼类危害巨大，且寄生虫病发生率较高，诊治寄生虫病是鱼病防治首先要考虑的因素。

图书在版编目（CIP）数据

健康养殖100问/中国农学会组编. —北京：中国农业
出版社，2014.11
（农村妇女科学素质提升行动科普丛书）
ISBN 978-7-109-19683-4

Ⅰ. ①健… Ⅱ. ①中… Ⅲ. ①养殖－农业技术－问题
解答 Ⅳ. ①S8-44

中国版本图书馆CIP数据核字（2014）第239747号

中国农业出版社出版
（北京市朝阳区麦子店街18号楼）
（邮政编码 100125）
责任编辑 孟令洋 吴丽婷

中国农业出版社印刷厂印刷 新华书店北京发行所发行
2014年12月第1版 2014年12月北京第1次印刷

开本：889mm×1194mm 1/32 印张：3.125
字数：100千字 印数：1～10 000册
定价：20.00元
（凡本版图书出现印刷、装订错误，请向出版社发行部调换）